"做学教一体化"课程改

自动扶梯运行与维保 第2版

实训手册

主 编 李乃夫 陈继权

机械工业出版社

目　　录

实训任务 1.1 认识自动扶梯和自动人行道

姓名		学号	

接受任务

　1. 任务综述
　了解自动扶梯与自动人行道的特点、分类和主要参数。
　2. 任务要求
　能够认识各类自动扶梯与自动人行道。

所需设备器材

　公共场所中各种实用的自动扶梯和自动人行道。

基础知识

　阅读主教材"任务 1.1"的"基础知识"：
　一、自动扶梯和自动人行道的特点与分类
　二、自动扶梯和自动人行道的主要参数
　阅读主教材"任务 1.1"的"相关链接"和"阅读材料 1.1"

制订计划

　1）根据工作任务，制订工作计划（可参照主教材"任务 1.1"的"任务实施"）。
　2）按照工作计划做好人员的合理分工，将工作计划和人员分工情况填写在工作计划表（表 1-1-1）中（可自行设计记录表格，下同）。

表 1-1-1 工作计划表

工作步骤	工作任务	时间安排	人员分工	备注
步骤 1				
步骤 2				
步骤 3				

计划实施

　步骤一：实训准备
　1）准备实训设备与器材。
　2）指导教师先到准备组织学生参观的自动扶梯和自动人行道所在场所踩点，了解周边环境、交通路线等，事先做好预案（参观路线、学生分组等）。
　3）对学生进行参观前的安全教育（详见主教材"相关链接：参观注意事项"）。

步骤二：参观自动扶梯与自动人行道

组织到公共场所（如商场、写字楼、机场、车站和地铁站等）参观自动扶梯与自动人行道，将观察结果记录于自动扶梯和自动人行道参观记录表（表1-1-2）中，也可自行设计记录表格。

表1-1-2 自动扶梯和自动人行道参观记录表

类　　型	自动扶梯□　水平型自动人行道□　倾斜型自动人行道□
使用场所	宾馆酒店□ 商场□ 写字楼□ 机场□ 车站□ 地铁站□ 人行天桥□ 其他场所□
用途类型	普通型□　公共交通型□　重载型□
安装位置	室内□ 室外□ 半室外□
机房位置	机房上置式□　机房下置式□　机房外置式□　中间驱动式□
护栏类型	金属护栏□　玻璃护栏□
运行速度	恒速□ 可变速□
参观的其他记录	

步骤三：讨论和总结

学生分组讨论：

1）学生分组，每个人口述所参观电梯的类型、用途、基本功能和主要参数等。

2）交换角色，重复进行。

评价总结

1. 自评

首先由学员根据任务完成情况进行自我评价与小组评价（表1-1-3）。

表1-1-3 自评表

项目	配分	评价内容	评分（自己评）	评分（小组评）
1. 学习纪律	10分	1. 不遵守学习纪律要求（扣2分/次） 2. 有其他违反纪律的行为（扣2分/次）		
2. 掌握基础知识	30分	1. 自动扶梯和自动人行道的特点和分类（15分） 2. 自动扶梯和自动人行道的主要参数（15分）		
3. 完成工作任务	50分	1. 认识各类自动扶梯（20分） 2. 认识各类自动人行道（10分） 3. 表1-1-2的记录（20分）		
4. 职业规范和环境保护	10分	1. 工作过程中工具和器材摆放凌乱（扣3分/次） 2. 不爱护设备、工具，不节省材料（扣3分/次） 3. 工作完成后不清理现场，工作中产生的废弃物不按规定处置（扣2分/次，将废弃物遗弃在工作现场的扣3分/次）		

签名：＿＿＿＿＿＿＿＿＿＿＿　＿＿＿＿年＿＿＿月＿＿＿日

2. 教师评价总结

然后由指导教师检查本组作业结果，结合自评与互评的结果进行综合评价，对学习过程出现的问题提出改进措施及建议，并将评价意见与评分值填写于教师评价表（表1-1-4）中。

表 1-1-4 教师评价表

序号	评价内容	评价结果(分数)
1		
2		
3		
4		
5		
6		
综合评价	☆　☆　☆　☆　☆	
综合评语 (问题及改进意见)		

教师签名：＿＿＿＿＿＿＿＿＿　＿＿＿年＿＿月＿＿日

任务小结

根据自己在实训中的实际表现进行自我反思和小结。

自我反思：

＿＿＿＿＿＿＿＿＿＿＿＿＿＿＿＿＿＿＿＿＿＿＿＿＿＿＿＿＿＿＿。

小结：

＿＿＿＿＿＿＿＿＿＿＿＿＿＿＿＿＿＿＿＿＿＿＿＿＿＿＿＿＿＿＿。

实训任务 1.2　自动扶梯的基本结构

姓名		学号	

接受任务

　　1. 任务综述

　　掌握自动扶梯的基本结构。

　　2. 任务要求

　　1) 掌握自动扶梯的基本结构。

　　2) 了解自动扶梯的运行原理。

　　3) 能够区分自动扶梯的空间结构与功能。

所需设备器材

　　1) YL-2170A 型教学用扶梯及其配套工具、器材，其他类型的自动扶梯。

　　2) 自动扶梯维修保养通用的工具和量具（可参见主教材的表 B-3）。

基础知识

　　阅读主教材"任务 1.2"的"基础知识"：

　　一、自动扶梯的基本结构

　　二、自动扶梯的安全保护系统

制订计划

　　1) 根据工作任务，制订工作计划（可参照主教材"任务 1.2"的"任务实施"）。

　　2) 按照工作计划做好人员的合理分工，将工作计划和人员分工情况填写在工作计划表（表 1-2-1）中。

表 1-2-1　工作计划表

工作步骤	工作任务	时间安排	人员分工	备注
步骤 1				
步骤 2				
步骤 3				

计划实施

　　步骤一：实训准备

　　1) 准备实训设备与器材。

　　2) 指导教师事先了解准备组织学生观察的自动扶梯的周边环境等，事先做好预案（如参观路线、学生分组等）。

　　3) 由指导教师对操作的安全规范要求做简单介绍。

步骤二：观察自动扶梯结构

学生以 3~6 人为一组，在指导教师的带领下观察自动扶梯，全面、系统地观察自动扶梯的基本结构，认识扶梯的各系统和主要部件的安装位置及其作用。可由部件名称去确定位置，找出部件，然后将观察情况记录于自动扶梯部件的功能及位置学习记录表（表 1-2-2）中。

表 1-2-2　自动扶梯部件的功能及位置学习记录表

序号	部件名称	主要功能	安装位置	备注
1				
2				
3				
4				
5				
6				
7				
8				

注意：

1）以观察 YL-2170A 型自动扶梯为主，有条件时，也可辅助观察其他类型的自动扶梯。

2）在观察过程中要注意安全。

步骤三：讨论和总结

学生分组讨论：

1）学生分组，每个人口述所观察的自动扶梯的基本结构和主要部件功能。要求做到能说出部件的主要作用、功能及安装位置。

2）交换角色，重复进行。

评价总结

1. 自评

首先由学员根据任务完成情况进行自我评价与小组评价（表 1-2-3）。

表 1-2-3　自评表

项目	配分	评价内容	评分（自己评）	评分（小组评）
1. 学习纪律	10 分	1. 不遵守学习纪律要求（扣 2 分/次） 2. 有其他违反纪律的行为（扣 2 分/次）		
2. 掌握基础知识	30 分	1. 自动扶梯的基本结构(15 分) 2. 自动扶梯的安全保护系统(10 分) 3. 自动扶梯的运行(5 分)		
3. 完成工作任务	50 分	1. 认识扶梯的各个系统和主要部件的安装位置以及作用(30 分) 2. 表 1-2-2 的记录(20 分)		
4. 职业规范和环境保护	10 分	1. 工作过程中工具和器材摆放凌乱（扣 3 分/次） 2. 不爱护设备、工具，不节省材料（扣 3 分/次） 3. 工作完成后不清理现场，工作中产生的废弃物不按规定处置（扣 2 分/次），将废弃物遗弃在工作现场的扣 3 分/次）		

签名：_____　____年___月___日

2. 教师评价总结

然后由指导教师检查本组作业结果，结合自评与互评的结果进行综合评价，对学习过程出现的问题提出改进措施及建议，并将评价意见与评分值填写于教师评价表（表1-2-4）中。

表1-2-4　教师评价表

序号	评价内容	评价结果(分数)
1		
2		
3		
4		
5		
6		
综合评价	☆　☆　☆　☆　☆	
综合评语 （问题及改进意见）		

教师签名：_____　____年___月___日

任务小结

根据自己在实训中的实际表现进行自我反思和小结。

自我反思：

_____。

小结：

_____。

实训任务 1.3 自动扶梯的电气系统与运行原理

姓名		学号	

接受任务

1. 任务综述

掌握自动扶梯的电气系统与运行原理。

2. 任务要求

1）掌握自动扶梯的电气系统。

2）理解自动扶梯的电气控制原理。

3）能够认识自动扶梯的电气系统和运行控制方式。

所需设备器材

1）YL-2170A 型教学用扶梯及其配套工具、器材，其他类型的自动扶梯。

2）自动扶梯维修保养通用的工具和量具（可参见主教材的表 B-3）。

基础知识

阅读主教材"任务 1.3"的"基础知识"：

自动扶梯的电气系统

阅读主教材"任务 1.3"的"阅读材料 1.2"

制订计划

1）根据工作任务，制订工作计划（可参照主教材"任务 1.3"的"任务实施"）。

2）按照工作计划做好人员的合理分工，将工作计划和人员分工情况填写在工作计划表（表 1-3-1）中。

表 1-3-1 工作计划表

工作步骤	工作任务	时间安排	人员分工	备注
步骤 1				
步骤 2				
步骤 3				

计划实施

步骤一：实训准备

1）准备实训设备与器材。

2）指导教师对学生进行分组，并对操作的安全规范要求做简单介绍。

步骤二：自动扶梯运行控制的学习

1）在指导教师的带领下，了解 YL-2170A 型教学用扶梯的运行控制方式。可由指导老师先演示操作扶梯的三种运行控制方式，学生观察相关电器的安装位置、操作方法及扶梯对应的运行状态，并注意操作要领和安全注意事项。然后可由指导老师每组选派 1~2 名学生进行操作练习（指导老师在旁边监护，注意在运行中要确保扶梯上没有人或物品）。

2）将演示与练习过程的观察记录于扶梯运行控制学习记录表（表1-3-2）中（可自行设计记录表格，下同）。

表1-3-2　扶梯运行控制学习记录表

运行控制方式	操作步骤	备注
检修运行		
智能变频运行:经济运行方式		
智能变频运行:标准运行方式		
其他记录		

步骤三：讨论和总结

学生分组讨论：

1）学生分组，交流表1-3-2中记录的内容。

2）交换角色，重复进行。

步骤四：自动扶梯安全保护电路的学习（选做内容）

1）学生在指导老师的引导下，先熟悉YL-2170A型扶梯的安全保护电路（可见主教材图B-5）。

2）学生在指导教师的带领下了解安全保护电路相关电器的安装位置、功能与作用，通过查看故障代码和图样分析故障位置并修理。

3）可由指导教师演示若干个（如2~3个）电器动作时的效果。

4）将观察的情况填写于扶梯安全保护电路学习记录表（表1-3-3）中。

表1-3-3　扶梯安全保护电路学习记录表

序号	安全开关	安装位置、功能及作用	安全开关对应故障代码	备注
1				
2				
3				
其他记录				

评价总结

1. 自评

首先由学员根据任务完成情况进行自我评价与小组评价（表1-3-4）。

表 1-3-4 自评表

项目	配分	评价内容	评分（自己评）	评分（小组评）
1. 学习纪律	10分	1. 不遵守学习纪律要求（扣2分/次） 2. 有其他违反纪律的行为（扣2分/次）		
2. 掌握基础知识	30分	1. 自动扶梯电气系统的构成（15分） 2. 自动扶梯的电气控制原理（15分）		
3. 完成工作任务	50分	1. 自动扶梯运行控制的学习（20分） 2. 自动扶梯安全保护电路的学习（10分） 3. 表1-3-2的记录（15分） 4. 表1-3-3的记录（5分）		
4. 职业规范和环境保护	10分	1. 工作过程中工具和器材摆放凌乱（扣3分/次） 2. 不爱护设备、工具，不节省材料（扣3分/次） 3. 工作完成后不清理现场，工作中产生的废弃物不按规定处置（扣2分/次），将废弃物遗弃在工作现场的扣3分/次		

签名：_____ ____年___月___日

2. 教师评价总结

然后由指导教师检查本组作业结果，结合自评与互评的结果进行综合评价，对学习过程出现的问题提出改进措施及建议，并将评价意见与评分值填写于教师评价表（表1-3-5）中。

表 1-3-5 教师评价表

序号	评价内容	评价结果（分数）
1		
2		
3		
4		
5		
6		
综合评价	☆ ☆ ☆ ☆ ☆	
综合评语（问题及改进意见）		

教师签名：_____ ____年___月___日

任务小结

根据自己在实训中的实际表现进行自我反思和小结。

自我反思：

_____。

小结：

_____。

实训任务 2.1　自动扶梯和自动人行道的安全使用

姓名		学号	

接受任务

　　1. 任务综述

　　学会自动扶梯和自动人行道的安全使用方法。

　　2. 任务要求

　　1）熟悉自动扶梯和自动人行道的安全操作规程。

　　2）掌握自动扶梯和自动人行道的安全使用方法。

　　3）了解自动扶梯和自动人行道的各种应急预案以及救援方法。

所需设备器材

　　1）公共场所中各种实用的自动扶梯和自动人行道。

　　2）YL-2170A 型教学用扶梯（至少一台，配相关附件和工具，下同）。

基础知识

　　阅读主教材"任务 2.1"的"基础知识"：

　　一、自动扶梯和自动人行道的安全使用要求

　　二、自动扶梯和自动人行道的使用注意事项

　　三、自动扶梯和自动人行道的搭乘规则

　　阅读主教材"任务 2.1"的"阅读材料 2.1"

制订计划

　　1）根据工作任务，制订工作计划（可参照主教材"任务 2.1"的"任务实施"）。

　　2）按照工作计划做好人员的合理分工，将工作计划和人员分工情况填写在工作计划表（表 2-1-1）中。

表 2-1-1　工作计划表

工作步骤	工作任务	时间安排	人员分工	备注
步骤 1				
步骤 2				
步骤 3				

计划实施

　　步骤一：实训准备

　　1）准备实训设备与器材。

　　2）由指导教师对自动扶梯和自动人行道的使用与管理规定做简单介绍。

步骤二：自动扶梯和自动人行道使用学习

1）学生以 3~6 人为一组，在指导教师的带领下，到公共场所观察自动扶梯和自动人行道的使用情况（注意观察有哪些正确的和不正确的使用行为）。

2）认识（教学用）自动扶梯的各部分，了解各部分的功能，并认真阅读《自动扶梯使用管理规定》和《乘梯须知》等，在教师的指导下正确使用和操作自动扶梯。

3）将学习情况记录于自动扶梯和自动人行道使用学习记录表（表 2-1-2）中。

表 2-1-2　自动扶梯和自动人行道使用学习记录表

序号	学习内容	相关记录
1	识读相关技术参数	
2	使用管理要求	
3	其他记录 （如观察记录）	

注意：

1）实训过程要注意安全，在公共场所组织教学的注意事项可见"任务 1.1"的"任务实施"中的"相关链接"。

2）有条件时，应前往自动人行道进行学习。

步骤三：讨论和总结

学生分组讨论：

1）学习自动扶梯和自动人行道使用的结果与记录。

2）口述所观察的自动扶梯和自动人行道的基本组成和使用方法；再交换角色，反复进行。

任务拓展

自动扶梯应急救援演练

1）学生分组，在教师指导下模拟演练自动扶梯发生某个故障时的应急救援过程。

2）学生分组，在教师指导下模拟演练自动扶梯某个部位发生挟持事故时的应急救援过程。

3）演练后分组讨论，每个人口述自动扶梯发生故障和事故时应急救援工作的主要任务、工作过程、基本要求与要点；再交换角色，重复进行。

注意：

1）实训过程要注意安全。

2）有些操作（如盘车）若尚未学习，可暂不进行或由教师演示。

1. 自评

首先由学生根据任务完成情况进行自我评价与小组评价（表 2-1-3）。

表 2-1-3　自评表

项目	配分	评价内容	评分 （自己评）	评分 （小组评）
1. 学习纪律	10 分	1. 不遵守学习纪律要求（扣 2 分/次） 2. 有其他违反纪律的行为（扣 2 分/次）		
2. 掌握基础知识	30 分	1. 自动扶梯的安全使用要求（10 分） 2. 使用自动扶梯的注意事项（10 分） 3. 自动扶梯应急救援的方法与步骤（10 分）		
3. 完成工作任务	50 分	1. 自动扶梯的安全使用（30 分） 2. 自动扶梯的应急救援（10 分） 3. 表 2-1-2 的记录（10 分）		
4. 职业规范和环境保护	10 分	1. 工作过程中工具和器材摆放凌乱（扣 3 分/次） 2. 不爱护设备、工具，不节省材料（扣 3 分/次） 3. 工作完成后不清理现场，工作中产生的废弃物不按规定处置（扣 2 分/次），将废弃物遗弃在工作现场的扣 3 分/次		

签名：_____　_____年___月___日

2. 教师评价总结

然后由指导教师检查本组作业结果，结合自评与互评的结果进行综合评价，对学习过程出现的问题提出改进措施及建议，并将评价意见与评分值填写于教师评价表（表 2-1-4）中。

表 2-1-4　教师评价表

序号	评价内容	评价结果（分数）
1		
2		
3		
4		
5		
6		
综合评价	☆　☆　☆　☆　☆	
综合评语 （问题及改进意见）		

教师签名：_____　_____年___月___日

根据自己在实训中的实际表现进行自我反思和小结。

自我反思：

_____。

小结：

_____。

实训任务 2.2　自动扶梯和自动人行道的日常管理

姓名		学号	

接受任务

  1. 任务综述

学会自动扶梯和自动人行道的日常管理方法。

  2. 任务要求

1）认识自动扶梯和自动人行道管理的相关规定。

2）掌握自动扶梯和自动人行道的日常管理方法。

所需设备器材

1）公共场所中各种实用的自动扶梯和自动人行道。

2）YL-2170A 型教学用扶梯。

基础知识

  阅读主教材"任务 2.2"的"基础知识"：

一、自动扶梯和自动人行道的管理事项

二、自动扶梯和自动人行道的日常管理知识

三、自动扶梯和自动人行道维保人员的安全操作规程

  阅读主教材"任务 2.2"的"阅读材料 2.2、2.3"

制订计划

  1）根据工作任务，制订工作计划（可参照主教材"任务 2.2"的"任务实施"）。

  2）按照工作计划做好人员的合理分工，将工作计划和人员分工情况填写在工作计划表（表 2-2-1）中。

表 2-2-1　工作计划表

工作步骤	工作任务	时间安排	人员分工	备注
步骤 1				
步骤 2				
步骤 3				

计划实施

  步骤一：实训准备

1）准备实训设备与器材。

2）由指导教师对自动扶梯和自动人行道的日常管理规定做简单介绍。

步骤二：自动扶梯和自动人行道管理学习

1）学生以 3~6 人为一组，在指导教师的带领下学习自动扶梯和自动人行道的日常管理要求，并阅读自动扶梯和自动人行道日常管理的有关规定等（可到公共场所的自动扶梯和自动人行道去学习，也可在学校的教学用扶梯上学习）。

2）分组在教师指导下在教学用扶梯上模拟自动扶梯故障停止运行进行处理。

3）将学习情况记录于自动扶梯和自动人行道管理学习记录表（表 2-2-2）中。

表 2-2-2　自动扶梯和自动人行道管理学习记录表

序号	学习内容	相关记录
1	日常管理规定和要求	
2	模拟处理异常情况的过程记录	
3	其他记录	

注意：

1）实训过程要注意安全，在公共场所组织教学的注意事项可见"任务 1.1"的"任务实施"中的"相关链接"。

2）有条件时，应尽量组织到自动人行道学习。

步骤三：讨论和总结

学生分组讨论：

1）学习自动扶梯和自动人行道管理的结果与记录。

2）口述所观察的自动扶梯模拟故障停止运行后进行处理的方法；再交换角色，反复进行。

评价总结

1. 自评

首先由学员根据任务完成情况进行自我评价与小组评价（表 2-2-3）。

表 2-2-3　自评表

项目	配分	评价内容	评分（自己评）	评分（小组评）
1. 学习纪律	10 分	1. 不遵守学习纪律要求（扣 2 分/次） 2. 有其他违反纪律的行为（扣 2 分/次）		
2. 掌握基础知识	30 分	1. 自动扶梯和自动人行道的日常管理知识（10 分） 2. 自动扶梯和自动人行道的管理事项（10 分） 3. 自动扶梯和自动人行道维保人员的安全操作规程（10 分）		
3. 完成工作任务	50 分	1. 自动扶梯和自动人行道的日常管理（20 分） 2. 模拟处理自动扶梯和自动人行道异常情况的过程记录（20 分） 3. 表 2-2-2 的记录（10 分）		
4. 职业规范和环境保护	10 分	1. 工作过程中工具和器材摆放凌乱（扣 3 分/次） 2. 不爱护设备、工具，不节省材料（扣 3 分/次） 3. 工作完成后不清理现场，工作中产生的废弃物不按规定处置（扣 2 分/次，将废弃物遗弃在工作现场的扣 3 分/次）		

签名：_____　　_____年___月___日

2. 教师评价总结

　　然后由指导教师检查本组作业结果，结合自评与互评的结果进行综合评价，对学习过程出现的问题提出改进措施及建议，并将评价意见与评分值填写于教师评价表（表2-2-4）中。

表 2-2-4　教师评价表

序号	评价内容	评价结果(分数)
1		
2		
3		
4		
5		
6		
综合评价	☆ ☆ ☆ ☆ ☆	
综合评语 (问题及改进意见)		

教师签名：_____　　____年___月___日

任务小结

　　根据自己在实训中的实际表现进行自我反思和小结。

　　自我反思：

_____。

　　小结：

_____。

实训任务 3.1 自动扶梯安装的准备工作

姓名		学号	

接受任务

　　1. 任务综述

　　学会完成自动扶梯安装前的准备工作。

　　2. 任务要求

　　1）理解自动扶梯安装前的现场勘查与检测工作内容。

　　2）能够结合各类自动扶梯安装现场的实际情况，进行现场勘查与检测工作。

所需设备器材

　　1）自动扶梯和自动人行道安装现场。

　　2）自动扶梯安装的工具、量具和器材（可参见主教材"任务 3.1"的"基础知识"）。

基础知识

　　阅读主教材"任务 3.1"的"基础知识"：

　　一、施工准备

　　二、自动扶梯土建结构测量

　　阅读主教材"任务 3.1"的"相关链接"和"阅读材料 3.1"

制订计划

　　1）根据工作任务，制订工作计划（可参照主教材"任务 3.1"）。

　　2）按照工作计划做好人员的合理分工，将工作计划和人员分工情况填写在工作计划表（表 3-1-1）中。

表 3-1-1　工作计划表

工作步骤	工作任务	时间安排	人员分工	备注
步骤 1				
步骤 2				
步骤 3				
步骤 4				
步骤 5				
步骤 6				

计划实施

步骤一：实训准备

1）准备实训设备与器材。

2）指导教师先到安装现场踩点，了解周边环境、交通路线等，提前做好预案。

3）对学生进行参观前的安全和有关注意事项的教育（详见主教材"相关链接"）。

4）给学生讲解实训内容与要求。

步骤二：现场土建勘查与测量

到自动扶梯的安装施工现场进行现场土建勘查与测量工作，将测量结果记录于自动扶梯安装现场测量记录表（表3-1-2）中。

表3-1-2　自动扶梯安装现场测量记录表

序号	项目	标准值	允许偏差/mm	测量结果/mm	是否合格
1	提升高度	土建图样标注值	±15		是□　否□
2	跨度	土建图样标注值	0~+15		是□　否□
3	底坑长度	土建图样标注值	≥0		是□　否□
4	底坑宽度	土建图样标注值	≥0		是□　否□
5	底坑深度	土建图样标注值	≥0		是□　否□
6	上台阶长度	桁架宽度+100mm	≥0		是□　否□
7	上台阶宽度	200mm	≥0		是□　否□
8	上台阶深度	扶梯型号要求值	±10		是□　否□
9	下台阶长度	桁架宽度+100mm	≥0		是□　否□
10	下台阶宽度	200mm	≥0		是□　否□
11	下台阶深度	扶梯型号要求值	±10		是□　否□
12	楼层预留孔长度	实际土建标注值	≥0		是□　否□
13	楼层预留孔宽度	桁架宽度+100mm	≥0		是□　否□
14	楼板厚度	土建图样标注值	≥0		是□　否□
测量结论					

步骤三：讨论和总结

学生分组讨论：

1）安装现场进行土建勘查与测量工作的要领与体会。

2）可相互讲述操作方法，再交换角色，反复进行。

评价总结

1. 自评

首先由学员根据任务完成情况进行自我评价与小组评价（表3-1-3）。

表 3-1-3　自评表

项目	配分	评价内容	评分（自己评）	评分（小组评）
1. 学习纪律	10分	1. 不遵守学习纪律要求（扣2分/次） 2. 有其他违反纪律的行为（扣2分/次）		
2. 掌握基础知识	30分	1. 施工准备（10分） 2. 自动扶梯土建结构测量（10分） 3. 自动扶梯桁架的拼接、起吊及安装（10分）		
3. 完成工作任务	50分	1. 安装前的准备工作（10分） 2. 安装现场测量（30分） 3. 表3-1-2的记录（10分）		
4. 职业规范和环境保护	10分	1. 工作过程中工具和器材摆放凌乱（扣3分/次） 2. 不爱护设备、工具，不节省材料（扣3分/次） 3. 工作完成后不清理现场，工作中产生的废弃物不按规定处置（扣2分/次，将废弃物遗弃在工作现场的扣3分/次）		

签名：_____　_____年___月___日

2. 教师评价总结

然后由指导教师检查本组作业结果，结合自评与互评的结果进行综合评价，对学习过程出现的问题提出改进措施及建议，并将评价意见与评分值填写于教师评价表（表3-1-4）中。

表 3-1-4　教师评价表

序号	评价内容	评价结果（分数）
1		
2		
3		
4		
5		
6		
综合评价	☆ ☆ ☆ ☆ ☆	
综合评语 （问题及改进意见）		

教师签名：_____　_____年___月___日

任务小结

根据自己在实训中的实际表现进行自我反思和小结。

自我反思：

_____。

小结：

_____。

实训任务 3.2 自动扶梯的安装

姓名		学号	

接受任务

1. 任务综述

学会自动扶梯的安装。

2. 任务要求

1）掌握自动扶梯安装的基本内容与要求。

2）能够完成自动扶梯基本部件的安装。

3）能够完成自动扶梯基本部件的检测与调整。

所需设备器材

1）YL-2170A 型教学用扶梯及其配套工具、器材。

2）自动扶梯与自动人行道安装现场。

3）自动扶梯安装的工具、量具和器材（可参见主教材"任务 3.1"的"基础知识"）。

基础知识

阅读主教材"任务 3.2"的"基础知识"：

一、自动扶梯桁架的起吊及安装

二、护壁板与扶手导轨的安装

三、扶手带的安装与调试

四、内、外盖板及扶手带入口保护装置的安装

五、电气部分的安装与调试

阅读主教材"任务 3.2"的"相关链接"

制订计划

1）根据工作任务，制订工作计划（可参照主教材"任务 3.1"）。

2）按照工作计划做好人员的合理分工，将工作计划和人员分工情况填写在工作计划表（表 3-2-1）中。

表 3-2-1　工作计划表

工作步骤	工作任务	时间安排	人员分工	备注
步骤 1				
步骤 2				
步骤 3				
步骤 4				
步骤 5				

计划实施

步骤一：实训准备

1）准备实训设备与器材。

2）对学生进行实训前的安全和相关注意事项的教育（详见主教材"任务3.1"的"相关链接"）。

3）给学生讲解实训内容与要求。

步骤二：数据检测

在YL-2170A型教学用扶梯上测量护壁板、扶手带和盖板等相关数据，记录于自动扶梯安装数据检测记录表（表3-2-2）中。

表3-2-2　自动扶梯安装数据检测记录表

序号	检查项目	检测方法	检测结果	结论
1	两块相邻玻璃的间隙(2mm)	斜塞尺		
2	左、右护壁板的中心间距,误差小于2mm	卷尺		
3	扶手导轨安装后拼缝间隙应小于0.5mm,台阶高度差应小于0.3mm	斜塞尺		
4	扶手带开口与扶手带四周的间隙为12~14mm	直尺		
5	扶手带入口保护行程开关的触头与毛刷连接件的间隙为1mm	塞尺		
6	安装内、外盖板时注意调节修整盖板之间的接缝和台阶,接缝高度差和间隙均应小于0.3mm	直尺、塞尺		

步骤三：讨论和总结

学生分组讨论：

1）学习检测护壁板、扶手带和盖板等相关数据的要领与体会。

2）可相互讲述操作方法；再交换角色，重复进行。

步骤四：自动扶梯（自动人行道）安装观摩（选做内容）

1）有条件的情况下可组织学生到自动扶梯或自动人行道的安装现场进行观摩，最好能够观摩从桁架的吊装，护壁板与扶手导轨的安装，扶手带安装与调试，内、外盖板及扶手带入口保护装置的安装，以及扶梯电气部分安装与调试的全过程，并由安装现场技术人员给予讲解。

2）将观摩的情况记录于扶梯安装学习记录表（表3-2-3）中。

表3-2-3　扶梯安装学习记录表

序号	安装内容	相关记录	备注
1	桁架的吊装		
2	护壁板与扶手导轨安装		
3	扶手带的安装与调试		
4	内、外盖板及扶手带入口保护装置的安装		
5	电气部分的安装与调试		
	其他记录		

注:到安装现场观摩前指导教师应先到安装现场踩点,了解周边环境、交通路线等,事先做好预案。并对学生进行学习前的安全和有关注意事项的教育(要求同"任务3.1")。

评价总结

1. 自评

首先由学员根据任务完成情况进行自我评价与小组评价（表 3-2-4）。

表 3-2-4　自评表

项目	配分	评价内容	评分（自己评）	评分（小组评）
1. 学习纪律	10 分	1. 不遵守学习纪律要求（扣 2 分/次） 2. 有其他违反纪律的行为（扣 2 分/次）		
2. 掌握基础知识	30 分	自动扶梯各部分的安装与调试（30 分）		
3. 完成工作任务	50 分	1. 梯级的安装（20 分） 2. 梳齿板的安装（20 分） 3. 表 3-2-2 的记录（10 分）		
4. 职业规范和环境保护	10 分	1. 工作过程中工具和器材摆放凌乱（扣 3 分/次） 2. 不爱护设备、工具，不节省材料（扣 3 分/次） 3. 工作完成后不清理现场，工作中产生的废弃物不按规定处置（扣 2 分/次，将废弃物遗弃在工作现场的扣 3 分/次）		

签名：＿＿＿＿＿＿＿＿＿＿　＿＿＿年＿＿月＿＿日

2. 教师评价总结

然后由指导教师检查本组作业结果，结合自评与互评的结果进行综合评价，对学习过程出现的问题提出改进措施及建议，并将评价意见与评分值填写于教师评价表（表 3-2-5）中。

表 3-2-5　教师评价表

序号	评价内容	评价结果（分数）
1		
2		
3		
4		
5		
6		
综合评价	☆　☆　☆　☆　☆	
综合评语（问题及改进意见）		

教师签名：＿＿＿＿＿＿＿＿＿＿　＿＿＿年＿＿月＿＿日

任务小结

根据自己在实训中的实际表现进行自我反思和小结。

自我反思：

＿＿＿＿＿＿＿＿＿＿＿＿＿＿＿＿＿＿＿＿＿＿＿＿＿＿＿＿＿＿＿＿＿＿＿＿＿＿。

小结：

＿＿＿＿＿＿＿＿＿＿＿＿＿＿＿＿＿＿＿＿＿＿＿＿＿＿＿＿＿＿＿＿＿＿＿＿＿＿。

实训任务 3.3　自动扶梯的试运行

姓名		学号	

接受任务

1. 任务综述

学会自动扶梯安装后的试运行。

2. 任务要求

1）理解自动扶梯试运行前的各项工作内容。

2）能够结合运行的要求进行运行前检测的各项作业。

所需设备器材

1）自动扶梯与自动人行道安装现场。

2）自动扶梯安装的工具、量具和器材（可参见主教材"任务 3.1"的"基础知识"）。

基础知识

阅读主教材"任务 3.3"的"基础知识"：

一、整机调试

二、整机试运行

阅读主教材"任务 3.3"的"相关链接"

制订计划

1）根据工作任务，制订工作计划（可参照主教材"任务 3.3"）。

2）按照工作计划做好人员的合理分工，将工作计划和人员分工情况填写在工作计划表（表 3-3-1）中。

表 3-3-1　工作计划表

工作步骤	工作任务	时间安排	人员分工	备注
步骤 1				
步骤 2				
步骤 3				
步骤 4				
步骤 5				
步骤 6				

计划实施

步骤一：实训准备

1）准备实训设备与器材。

2）对学生进行实训前的安全和相关注意事项的教育（详见主教材"任务 3.1"的"相关链接"）。

3）给学生讲解实训内容与要求。

步骤二：自动扶梯检测与试运行作业步骤

结合自动扶梯实际安装情况进行检测与试运行作业，并将检测结果记录于自动扶梯检测与试运行情况记录表（表 3-3-2）中。

表 3-3-2　自动扶梯检测与试运行情况记录表

序号	试验项目	技术要求				试验方法	检验结果	结论
1	整机结构尺寸与外观	提升高度：				用卷尺检查		
		扶梯跨度：				用卷尺检查		
		梯级宽度：				用卷尺检查		
		地板宽度：				用卷尺检查		
		护栏高度：				用卷尺检查		
		护栏宽度：				用卷尺检查		
		不锈钢护栏结构				目测		
		铝梯级、原铝地板				目测		
2	各部位的控制间隙	梯级与围裙板间隙，单边 ≤4mm，两边之和 ≤7mm			总和	用孔尺检查		
		上平层	左侧		右侧			
		倾斜段	左侧		右侧			
		下平层	左侧		右侧			
		梯级与梳齿间隙 ≤4mm				用专用检规检查		
		位置	第 1 点	第 2 点	第 3 点			
		上平层						
		下平层						
		扶手带与扶手导轨间隙两边之和 ≤8mm				用孔尺检查		
		位置	左侧左边 / 左侧右边 / 左侧总和	右侧左边 / 右侧右边 / 右侧总和				
		上平层						
		倾斜段						
		下平层						
		入口箱与扶手带间隙 ≤4mm				用孔尺检查		
		上左	上右	下左	下右			
		两梯级间的间隙 ≤6mm				用孔尺检查		
		上平层		下平层				

序号	试验项目	技术要求	试验方法	检验结果	结论
3	运行速度	0.5m/s	用速度计检查平层梯级的运行速度（要求测试3次）	1次 2次 3次	
4	扶手带速度	扶手带的运行速度相对梯级的速度的允许偏差为0~+2%	1）用速度计测量扶手带速度 2）用速度计测量梯级速度 3）比较两速度的允许偏差（要求测试3次）	1次 2次 3次	

注：到安装现场学习前指导教师应先到安装现场"踩点"，了解周边环境、交通路线等，事先做好预案，并对学生进行学习前的安全和有关注意事项的教育（要求同"任务3.1"）。

步骤三：讨论和总结

学生分组讨论：

1）学生分两组，一组结合所测量情况填写表格，另一组进行安全观察，查找检测时遇到的问题。

2）交换角色，重复进行。

评价总结

1. 自评

首先由学员根据任务完成情况进行自我评价与小组评价（表3-3-3）。

表3-3-3 自评表

项目	配分	评价内容	评分（自己评）	评分（小组评）
1. 学习纪律	10分	1. 不遵守学习纪律要求（扣2分/次） 2. 有其他违反纪律的行为（扣2分/次）		
2. 掌握基础知识	30分	1. 自动扶梯试运行前的检查(15分) 2. 自动扶梯的试运行(15分)		
3. 完成工作任务	50分	1. 自动扶梯试运行前的检查(25分) 2. 自动扶梯的试运行(15分) 3. 表3-3-2的记录(10分)		
4. 职业规范和环境保护	10分	1. 工作过程中工具和器材摆放凌乱（扣3分/次） 2. 不爱护设备、工具，不节省材料（扣3分/次） 3. 工作完成后不清理现场,工作中产生的废弃物不按规定处置（扣2分/次，将废弃物遗弃在工作现场的扣3分/次）		

签名：_____ _____年___月___日

2. 教师评价总结

然后由指导教师检查本组作业结果，结合自评与互评的结果进行综合评价，对学习过程出现的问题提出改进措施及建议，并将评价意见与评分值填写于教师评价表（表3-3-4）中。

表 3-3-4　教师评价表

序号	评价内容	评价结果（分数）
1		
2		
3		
4		
5		
6		
综合评价	☆ ☆ ☆ ☆ ☆	
综合评语 （问题及改进意见）		

教师签名：_____　_____年____月____日

任务小结

根据自己在实训中的实际表现进行自我反思和小结。

自我反思：

_____

小结：

_____

实训任务 4.1 梯级的拆装

姓名		学号	

接受任务

　　1. 任务综述

　　自动扶梯梯级的拆装是自动扶梯维修保养中最基本最常用的操作，因此本任务是扶梯维修与保养的基础训练。

　　2. 任务要求

　　1）掌握自动扶梯梯级拆装的操作。

　　2）学习自动扶梯维修保养的基本操作规范。

所需设备器材

　　1）YL-2170A 型教学用扶梯。

　　2）自动扶梯维修保养通用的工具和量具（可参见主教材表 B-3）。

基础知识

　　阅读主教材"任务 4.1"的"基础知识"：

　　自动扶梯机械系统的检查、维修与调整

　　阅读主教材"实训任务 4.1.1"的"相关链接"

制订计划

　　1）根据工作任务，制订工作计划（可参照主教材"实训任务 4.1.1"）。

　　2）按照工作计划做好人员的合理分工，将工作计划和人员分工情况填写在工作计划表（表 4-1-1）中。

表 4-1-1　工作计划表

工作步骤	工作任务	时间安排	人员分工	备注
步骤 1				
步骤 2				
步骤 3				
步骤 4				
步骤 5				
步骤 6				

计划实施

　　步骤一：实训准备

　　1）准备实训设备与器材。

　　2）指导教师对学生进行分组，并进行安全与规范操作的教育。

　　3）检查学生穿戴的安全防护用品（包括工作服、安全帽和安全鞋）。

　　4）设置安全防护栏及安全警示标志，如主教材图 4-6 所示。

步骤二：拆装梯级

按照主教材"实训任务 4.1.1"中"步骤二"的 16 个步骤，进行梯级的拆装。

步骤三：讨论和总结

学生分组讨论：

1）将拆装梯级的步骤记录于梯级拆装记录表（表 4-1-2）中。

表 4-1-2　梯级拆装记录表

序号	步骤	相关记录（如操作要领）
1		
2		
3		
4		
5		
6		
7		
8		
9		
10		

2）分组讨论学习拆装梯级的心得体会（可相互讲述操作方法，再交换角色，重复进行）。

评价总结

1. 自评

首先由学员根据任务完成情况进行自我评价与小组评价（表 4-1-3）。

表 4-1-3　自评表

项目	配分	评价内容	评分（自己评）	评分（小组评）
1. 学习纪律	10 分	1. 不遵守学习纪律要求（扣 2 分/次） 2. 有其他违反纪律的行为（扣 2 分/次）		
2. 掌握基础知识	30 分	1. 自动扶梯机械系统的构成（15 分） 2. 自动扶梯机械系统的检查、维修与调整（15 分）		
3. 完成工作任务	50 分	1. 梯级拆装的操作（40 分） 2. 表 4-1-2 的记录（10 分）		
4. 职业规范和环境保护	10 分	1. 工作过程中工具和器材摆放凌乱（扣 3 分/次） 2. 不爱护设备、工具，不节省材料（扣 3 分/次） 3. 工作完成后不清理现场，工作中产生的废弃物不按规定处置（扣 2 分/次，将废弃物遗弃在工作现场的扣 3 分/次）		

签名：＿＿＿＿＿＿＿＿＿＿　＿＿＿年＿＿月＿＿日

2. 教师评价总结

然后由指导教师检查本组作业结果，结合自评与互评的结果进行综合评价，对学习过程出现的问题提出改进措施及建议，并将评价意见与评分值填写于教师评价表（表 4-1-4）中。

表 4-1-4 教师评价表

序号	评价内容	评价结果(分数)
1		
2		
3		
4		
5		
6		
综合评价	☆ ☆ ☆ ☆ ☆	
综合评语 （问题及改进意见）		

教师签名：＿＿＿＿＿＿＿＿＿＿　＿＿＿＿年＿＿月＿＿日

任务小结

根据自己在实训中的实际表现进行自我反思和小结。

自我反思：
＿＿＿＿＿＿＿＿＿＿＿＿＿＿＿＿＿＿＿＿＿＿＿＿＿＿＿＿＿＿＿＿＿＿＿＿＿＿＿

小结：
＿＿＿＿＿＿＿＿＿＿＿＿＿＿＿＿＿＿＿＿＿＿＿＿＿＿＿＿＿＿＿＿＿＿＿＿＿＿＿

实训任务 4.2　梯级轮的检查与更换

姓名		学号	

接受任务

　　1. 任务综述

　　自动扶梯梯级轮的检查与更换也是自动扶梯维修保养中最基本、最常用的操作之一，因此本任务也是维修与保养的基础训练。

　　2. 任务要求

　　1）掌握自动扶梯梯级轮检查更换的操作。

　　2）学习自动扶梯维修保养的基本操作规范。

所需设备器材

　　1）YL-2170A 型教学用扶梯。

　　2）自动扶梯维修保养通用的工具和量具（可参见主教材表 B-3）。

基础知识

　　阅读主教材"任务 4.1"的"基础知识"：

　　自动扶梯机械系统的检查、维修与调整

　　阅读主教材"实训任务 4.1.2"的"相关链接"

制订计划

　　1）根据工作任务，制订工作计划（可参照主教材"实训任务 4.1.2"）。

　　2）按照工作计划做好人员的合理分工，将工作计划和人员分工情况填写在工作计划表（表 4-2-1）中。

表 4-2-1　工作计划表

工作步骤	工作任务	时间安排	人员分工	备注
步骤 1				
步骤 2				
步骤 3				
步骤 4				
步骤 5				
步骤 6				

计划实施

　　步骤一：实训准备

　　1）准备实训设备与器材。

　　2）指导教师对学生进行分组，并进行安全与规范操作的教育。

　　3）检查学生穿戴的安全防护用品（包括工作服、安全帽和安全鞋）。

　　4）设置安全防护栏及安全警示标志，如主教材图 4-6 所示。

步骤二：梯级轮的检查与更换

按照主教材"实训任务4.1.2"中"步骤二"的11个步骤，进行梯级轮的检查与更换。

步骤三：讨论和总结

学生分组讨论：

1）将检查与更换梯级轮的步骤记录于检查与更换梯级轮记录表（表4-2-2）中。

表 4-2-2　检查与更换梯级轮记录表

序号	步骤	相关记录（如操作要领）
1		
2		
3		
4		
5		
6		
7		
8		
9		
10		

2）分组讨论学习梯级轮检查与更换的心得体会（可相互讲述操作方法，再交换角色，重复进行）。

评价总结

1. 自评

首先由学员根据任务完成情况进行自我评价与小组评价（表4-2-3）。

表 4-2-3　自评表

项目	配分	评价内容	评分（自己评）	评分（小组评）
1. 学习纪律	10分	1. 不遵守学习纪律要求(扣2分/次) 2. 有其他违反纪律的行为(扣2分/次)		
2. 掌握基础知识	30分	1. 自动扶梯机械系统的构成(15分) 2. 自动扶梯机械系统的检查、维修与调整(15分)		
3. 完成工作任务	50分	1. 梯级轮检查与更换的操作(40分) 2. 表4-2-2的记录(10分)		
4. 职业规范和环境保护	10分	1. 工作过程中工具和器材摆放凌乱(扣3分/次) 2. 不爱护设备、工具,不节省材料(扣3分/次) 3. 工作完成后不清理现场,工作中产生的废弃物不按规定处置(扣2分/次),将废弃物遗弃在工作现场的扣3分/次)		

签名：_____　_____年____月____日

2. 教师评价总结

　　然后由指导教师检查本组作业结果，结合自评与互评的结果进行综合评价，对学习过程出现的问题提出改进措施及建议，并将评价意见与评分值填写于教师评价表（表4-2-4）中。

表 4-2-4　教师评价表

序号	评价内容	评价结果(分数)
1		
2		
3		
4		
5		
6		
综合评价	☆　☆　☆　☆　☆	
综合评语 (问题及改进意见)		

教师签名：＿＿＿＿＿＿＿＿＿＿　＿＿＿年＿＿月＿＿日

任务小结

　　根据自己在实训中的实际表现进行自我反思和小结。

　　自我反思：

＿＿＿＿＿＿＿＿＿＿＿＿＿＿＿＿＿＿＿＿＿＿＿＿＿＿＿＿＿＿＿＿＿＿＿＿＿＿

　　小结：

＿＿＿＿＿＿＿＿＿＿＿＿＿＿＿＿＿＿＿＿＿＿＿＿＿＿＿＿＿＿＿＿＿＿＿＿＿＿

实训任务 4.3　梯级链的检查与更换

姓名		学号	

接受任务

   1. 任务综述

    自动扶梯梯级链的检查与更换也是自动扶梯维修保养中最基本、最常用的操作之一，因此本任务也是自动扶梯维修与保养的基础训练。

   2. 任务要求

   1）掌握自动扶梯梯级链检查更换的操作。

   2）学习自动扶梯维修保养的基本操作规范。

所需设备器材

   1）YL-2170A 型教学用扶梯。

   2）自动扶梯维修保养通用的工具和量具（可参见主教材表 B-3）。

基础知识

   阅读主教材"任务 4.1"的"基础知识"：

   自动扶梯机械系统的检查、维修与调整

制订计划

   1）根据工作任务，制订工作计划（可参照主教材"实训任务 4.1.3"）。

   2）按照工作计划做好人员的合理分工，将工作计划和人员分工情况填写在工作计划表（表 4-3-1）中。

表 4-3-1　工作计划表

工作步骤	工作任务	时间安排	人员分工	备注
步骤 1				
步骤 2				
步骤 3				
步骤 4				
步骤 5				
步骤 6				

计划实施

   步骤一：实训准备

   1）准备实训设备与器材。

   2）指导教师对学生进行分组，并进行安全与规范操作的教育。

   3）检查学生穿戴的安全防护用品（包括工作服、安全帽和安全鞋）。

   4）设置安全防护栏及安全警示标志，如主教材图 4-6 所示。

步骤二：梯级链的检查与更换

按照主教材"实训任务4.1.3"中"步骤二"的13个步骤，进行梯级链的检查与更换。

步骤三：讨论和总结

学生分组讨论：

1）将梯级链检查与更换的步骤记录于检查与更换梯级链记录表（表4-3-2）中。

表4-3-2　检查与更换梯级链记录表

序号	步骤	相关记录（如操作要领）
1		
2		
3		
4		
5		
6		
7		
8		
9		
10		

2）分组讨论学习梯级链的检查与更换的心得体会（可相互讲述操作方法，再交换角色，重复进行）。

评价总结

1. 自评

首先由学员根据任务完成情况进行自我评价与小组评价（表4-3-3）。

表4-3-3　自评表

项目	配分	评价内容	评分（自己评）	评分（小组评）
1. 学习纪律	10分	1. 不遵守学习纪律要求（扣2分/次） 2. 有其他违反纪律的行为（扣2分/次）		
2. 掌握基础知识	30分	1. 自动扶梯机械系统的构成（15分） 2. 自动扶梯机械系统的检查、维修与调整（15分）		
3. 完成工作任务	50分	1. 梯级链检查与更换的操作（40分） 2. 表4-3-2的记录（10分）		
4. 职业规范和环境保护	10分	1. 工作过程中工具和器材摆放凌乱（扣3分/次） 2. 不爱护设备、工具，不节省材料（扣3分/次） 3. 工作完成后不清理现场，工作中产生的废弃物不按规定处置（扣2分/次，将废弃物遗弃在工作现场的扣3分/次）		

签名：＿＿＿＿＿＿＿＿　＿＿＿年＿＿月＿＿日

2. 教师评价总结

然后由指导教师检查本组作业结果，结合自评与互评的结果进行综合评价，对学习过程出现的问题提出改进措施及建议，并将评价意见与评分值填写于教师评价表（表4-3-4）中。

表 4-3-4 教师评价表

序号	评价内容	评价结果(分数)
1		
2		
3		
4		
5		
6		
综合评价	☆ ☆ ☆ ☆ ☆	
综合评语 （问题及改进意见）		

教师签名：_____ _____年___月___日

任务小结

根据自己在实训中的实际表现进行自我反思和小结。

自我反思：

_____。

小结：

_____。

实训任务 4.4 梯级链张紧装置的调整

姓名		学号	

接受任务

　1. 任务综述

　　自动扶梯梯级链张紧装置的调整也是自动扶梯维修保养中最基本最常用的操作之一，因此本任务也是扶梯维修与保养的基础训练。

　2. 任务要求

　1）掌握自动扶梯梯级链张紧装置调整的操作。

　2）学习自动扶梯维修保养的基本操作规范。

所需设备器材

　1）YL-2170A 型教学用扶梯。

　2）自动扶梯维修保养通用的工具和量具（可参见主教材表 B-3）。

基础知识

　　阅读主教材"任务 4.1"的"基础知识"：

　　自动扶梯机械系统的检查、维修与调整

　　阅读主教材"实训任务 4.1.4"的"相关链接"

制订计划

　1）根据工作任务，制订工作计划（可参照主教材"实训任务 4.1.4"）。

　2）按照工作计划做好人员的合理分工，将工作计划和人员分工情况填写在工作计划表（表 4-4-1）中。

表 4-4-1　工作计划表

工作步骤	工作任务	时间安排	人员分工	备注
步骤 1				
步骤 2				
步骤 3				
步骤 4				
步骤 5				
步骤 6				

计划实施

　步骤一：实训准备

　1）准备实训设备与器材。

　2）指导教师对学生进行分组，并进行安全与规范操作的教育。

　3）检查学生穿戴的安全防护用品（包括工作服、安全帽和安全鞋）。

4）设置安全防护栏及安全警示标志，如主教材图 4-6 所示。

步骤二：梯级链张紧装置的调整

按照主教材"实训任务 4.1.4"中"步骤二"的 9 个步骤，进行梯级链张紧装置的调整。

步骤三：讨论和总结

学生分组讨论：

1）将梯级链张紧装置调整的步骤记录于梯级链张紧装置调整记录表（表 4-4-2）中。

表 4-4-2　梯级链张紧装置调整记录表

序号	步骤	相关记录（如操作要领）
1		
2		
3		
4		
5		
6		
7		
8		
9		

2）分组讨论学习梯级链张紧装置调整的心得体会（可相互讲述操作方法，再交换角色，重复进行）。

评价总结

1. 自评

首先由学员根据任务完成情况进行自我评价与小组评价（表 4-4-3）。

表 4-4-3　自评表

项目	配分	评价内容	评分（自己评）	评分（小组评）
1. 学习纪律	10分	1. 不遵守学习纪律要求(扣 2 分/次) 2. 有其他违反纪律的行为(扣 2 分/次)		
2. 掌握基础知识	30分	1. 自动扶梯机械系统的构成(15分) 2. 自动扶梯机械系统的检查、维修与调整(15分)		
3. 完成工作任务	50分	1. 梯级链张紧装置调整的操作(40分) 2. 表 4-4-2 的记录(10分)		
4. 职业规范和环境保护	10分	1. 工作过程中工具和器材摆放凌乱(扣 3 分/次) 2. 不爱护设备、工具，不节省材料(扣 3 分/次) 3. 工作完成后不清理现场，工作中产生的废弃物不按规定处置(扣 2 分/次)，将废弃物遗弃在工作现场的扣 3 分/次)		

签名：_____　　____年___月___日

2. 教师评价总结

然后由指导教师检查本组作业结果，结合自评与互评的结果进行综合评价，对学习过程出现的问题提出改进措施及建议，并将评价意见与评分值填写于教师评价表（表4-4-4）中。

表 4-4-4　教师评价表

序号	评价内容	评价结果(分数)
1		
2		
3		
4		
5		
6		
综合评价	☆　☆　☆　☆　☆	
综合评语（问题及改进意见）		

教师签名：＿＿＿＿＿＿＿＿＿＿　＿＿＿＿年＿＿＿月＿＿＿日

任务小结

根据自己在实训中的实际表现进行自我反思和小结。

自我反思：

＿＿＿＿＿＿＿＿＿＿＿＿＿＿＿＿＿＿＿＿＿＿＿＿＿＿＿＿＿＿＿＿＿＿＿＿＿。

小结：

＿＿＿＿＿＿＿＿＿＿＿＿＿＿＿＿＿＿＿＿＿＿＿＿＿＿＿＿＿＿＿＿＿＿＿＿＿。

实训任务 4.5 扶手带的调整与更换

姓名		学号	

接受任务

    1. 任务综述

    自动扶梯扶手带的调整与更换也是自动扶梯维修保养中最基本最常用的操作之一，因此本任务也是扶梯维修与保养的基础训练。

    2. 任务要求

    1）掌握自动扶梯扶手带调整与更换的操作。

    2）学习自动扶梯维修保养的基本操作规范。

所需设备器材

    1）YL-2170A 型教学用扶梯。

    2）自动扶梯维修保养通用的工具和量具（可参见主教材表 B-3）。

基础知识

    阅读主教材"任务 4.1"的"基础知识"：

    自动扶梯机械系统的检查、维修与调整

    阅读主教材"实训任务 4.1.5"的"相关链接"

制订计划

    1）根据工作任务，制订工作计划（可参照主教材"实训任务 4.1.5"）。

    2）按照工作计划做好人员的合理分工，将工作计划和人员分工情况填写在工作计划表（表 4-5-1）中。

表 4-5-1 工作计划表

工作步骤	工作任务	时间安排	人员分工	备注
步骤 1				
步骤 2				
步骤 3				
步骤 4				
步骤 5				
步骤 6				

计划实施

    步骤一：实训准备

    1）准备实训设备与器材。

    2）指导教师对学生进行分组，并进行安全与规范操作的教育。

    3）检查学生穿戴的安全防护用品（包括工作服、安全帽和安全鞋）。

4）设置安全防护栏及安全警示标志，如主教材图 4-6 所示。

步骤二：扶手带的调整与更换

按照主教材"实训任务 4.1.5"中"步骤二"的 20 个步骤，进行扶手带的调整与更换。

步骤三：讨论和总结

学生分组讨论：

1）将扶手带调整与更换的步骤记录于调整与更换扶手带记录表（表 4-5-2）中。

表 4-5-2　调整与更换扶手带记录表

序号	步骤	相关记录(如操作要领)
1		
2		
3		
4		
5		
6		
7		
8		
9		
10		

2）分组讨论学习扶手带调整与更换的心得体会（可相互讲述操作方法，再交换角色，重复进行）。

评价总结

1. 自评

首先由学员根据任务完成情况进行自我评价与小组评价（表 4-5-3）。

表 4-5-3　自评表

项目	配分	评价内容	评分(自己评)	评分(小组评)
1. 学习纪律	10分	1. 不遵守学习纪律要求(扣2分/次) 2. 有其他违反纪律的行为(扣2分/次)		
2. 掌握基础知识	30分	1. 自动扶梯机械系统的构成(15分) 2. 自动扶梯机械系统的检查、维修与调整(15分)		
3. 完成工作任务	50分	1. 扶手带调整与更换的操作(40分) 2. 表 4-5-2 的记录(10分)		
4. 职业规范和环境保护	10分	1. 工作过程中工具和器材摆放凌乱(扣3分/次) 2. 不爱护设备、工具,不节省材料(扣3分/次) 3. 工作完成后不清理现场,工作中产生的废弃物不按规定处置(扣2分/次),将废弃物遗弃在工作现场的扣3分/次)		

签名：_____　_____年___月___日

2. 教师评价总结

然后由指导教师检查本组作业结果，结合自评与互评的结果进行综合评价，对学习过程出现的问题提出改进措施及建议，并将评价意见与评分值填写于教师评价表（表4-5-4）中。

表 4-5-4　教师评价表

序号	评价内容	评价结果(分数)
1		
2		
3		
4		
5		
6		
综合评价	☆　☆　☆　☆　☆	
综合评语 (问题及改进意见)		

教师签名：_____　_____年____月____日

任务小结

根据自己在实训中的实际表现进行自我反思和小结。

自我反思：

_____。

小结：

_____。

实训任务 4.6　扶手带入口保护开关的维修

姓名			学号	

接受任务

　　1. 任务综述

　　学习自动扶梯扶手带入口保护开关的维修。

　　2. 任务要求

　　1）掌握自动扶梯扶手带入口保护开关的维修方法。

　　2）学习自动扶梯维修保养的基本操作规范。

所需设备器材

　　1）YL-2170A 型教学用扶梯。

　　2）自动扶梯维修保养通用的工具和量具（可参见主教材表 B-3）。

基础知识

　　阅读主教材"任务 4.1"的"基础知识"：

　　自动扶梯机械系统的检查、维修与调整

制订计划

　　1）根据工作任务，制订工作计划（可参照主教材"实训任务 4.1.6"）。

　　2）按照工作计划做好人员的合理分工，将工作计划和人员分工情况填写在工作计划表（表 4-6-1）中。

表 4-6-1　工作计划表

工作步骤	工作任务	时间安排	人员分工	备注
步骤 1				
步骤 2				
步骤 3				
步骤 4				
步骤 5				
步骤 6				

计划实施

　　步骤一：实训准备

　　1）准备实训设备与器材。

　　2）指导教师对学生进行分组，并进行安全与规范操作的教育。

　　3）检查学生穿戴的安全防护用品（包括工作服、安全帽和安全鞋）。

　　4）设置安全防护栏及安全警示标志，如主教材图 4-6 所示。

步骤二：扶手带入口保护开关的维修

按照主教材"实训任务4.1.6"中"步骤二"的9个步骤，进行扶手带入口保护开关的维修。

步骤三：讨论和总结

学生分组讨论：

1）将维修调整扶手带入口保护开关的步骤记录于维修调整扶手带入口保护开关记录表（表4-6-2）中。

表4-6-2 维修调整扶手带入口保护开关记录表

序号	步骤	相关记录（如操作要领）
1		
2		
3		
4		
5		
6		
7		
8		
9		
10		

2）分组讨论学习扶手带入口保护开关维修调整的心得体会（可相互讲述操作方法，再交换角色，重复进行）。

评价总结

1. 自评

首先由学员根据任务完成情况进行自我评价与小组评价（表4-6-3）。

表4-6-3 自评表

项目	配分	评价内容	评分（自己评）	评分（小组评）
1. 学习纪律	10分	1. 不遵守学习纪律要求（扣2分/次） 2. 有其他违反纪律的行为（扣2分/次）		
2. 掌握基础知识	30分	1. 自动扶梯机械系统的构成（15分） 2. 自动扶梯机械系统的检查、维修与调整（15分）		
3. 完成工作任务	50分	1. 扶手带入口保护开关维修的操作（40分） 2. 表4-6-2的记录（10分）		
4. 职业规范和环境保护	10分	1. 工作过程中工具和器材摆放凌乱（扣3分/次） 2. 不爱护设备、工具，不节省材料（扣3分/次） 3. 工作完成后不清理现场，工作中产生的废弃物不按规定处置（扣2分/次，将废弃物遗弃在工作现场的扣3分/次）		

签名：_____   ___年___月___日

2. 教师评价总结

然后由指导教师检查本组作业结果，结合自评与互评的结果进行综合评价，对学习过程出现的问题提出改进措施及建议，并将评价意见与评分值填写于教师评价表（表4-6-4）中。

表 4-6-4　教师评价表

序号	评价内容	评价结果(分数)
1		
2		
3		
4		
5		
6		
综合评价	☆　☆　☆　☆　☆	
综合评语 （问题及改进意见）		

教师签名：_____　_____年____月____日

任务小结

根据自己在实训中的实际表现进行自我反思和小结。

自我反思：

_____。

小结：

_____。

43

实训任务 4.7 检修控制盒公共开关的维修

姓名		学号	

接受任务

　1. 任务综述

学习自动扶梯检修控制盒公共开关的维修。

　2. 任务要求

1）掌握自动扶梯检修控制盒公共开关的维修方法。

2）学习自动扶梯维修保养的基本操作规范。

所需设备器材

1）YL-2170A 型教学用扶梯。

2）自动扶梯维修保养通用的工具和量具（可参见主教材表 B-3）。

基础知识

阅读主教材"任务 4.2"的"基础知识"：

一、自动扶梯的电气故障

二、自动扶梯的电气保护装置

制订计划

1）根据工作任务，制订工作计划（可参照主教材"实训任务 4.2.1"）。

2）按照工作计划做好人员的合理分工，将工作计划和人员分工情况填写在工作计划表（表 4-7-1）中。

表 4-7-1　工作计划表

工作步骤	工作任务	时间安排	人员分工	备注
步骤 1				
步骤 2				
步骤 3				
步骤 4				
步骤 5				
步骤 6				

计划实施

步骤一：实训准备

1）准备实训设备与器材。

2）指导教师对学生进行分组，并进行安全与规范操作的教育。

3）检查学生穿戴的安全防护用品（包括工作服、安全帽和安全鞋）。

4）设置安全防护栏及安全警示标志，如主教材图 4-6 所示。

步骤二：检修控制盒公共开关的维修

按照主教材"实训任务 4.2.1"中"步骤二"的 9 个步骤，进行检修控制盒公共开关的维修。

步骤三：讨论和总结

学生分组讨论：

1）将检修控制盒公共开关维修的步骤记录于检修控制盒公共开关维修记录表（表 4-7-2）中。

表 4-7-2　检修控制盒公共开关维修记录表

序号	步骤	相关记录（如操作要领）
1		
2		
3		
4		
5		
6		
7		
8		

2）分组讨论学习检修控制盒公共开关维修的心得体会（可相互讲述操作方法，再交换角色，重复进行）。

评价总结

1. 自评

首先由学员根据任务完成情况进行自我评价与小组评价（表 4-7-3）。

表 4-7-3　自评表

项目	配分	评价内容	评分（自己评）	评分（小组评）
1. 学习纪律	10 分	1. 不遵守学习纪律要求(扣 2 分/次) 2. 有其他违反纪律的行为(扣 2 分/次)		
2. 掌握基础知识	30 分	1. 自动扶梯电气系统的构成(15 分) 2. 自动扶梯的电气保护装置(15 分)		
3. 完成工作任务	50 分	1. 检修控制盒公共开关维修的操作(40 分) 2. 表 4-7-2 的记录(10 分)		
4. 职业规范和环境保护	10 分	1. 工作过程中工具和器材摆放凌乱(扣 3 分/次) 2. 不爱护设备、工具,不节省材料(扣 3 分/次) 3. 工作完成后不清理现场,工作中产生的废弃物不按规定处置(扣 2 分/次),将废弃物遗弃在工作现场的扣 3 分/次)		

签名：_____　　____年___月___日

2. 教师评价总结

然后由指导教师检查本组作业结果，结合自评与互评的结果进行综合评价，对学习过程出现的问题提出改进措施及建议，并将评价意见与评分值填写于教师评价表（表 4-7-4）中。

表 4-7-4 教师评价表

序号	评价内容	评价结果（分数）
1		
2		
3		
4		
5		
6		
综合评价	☆ ☆ ☆ ☆ ☆	
综合评语 （问题及改进意见）		

教师签名：_____ _____年___月___日

任务小结

根据自己在实训中的实际表现进行自我反思和小结。

自我反思：

_____。

小结：

_____。

实训任务 4.8 梳齿板保护开关的维修

姓名		学号	

接受任务

　　1. 任务综述

学习自动扶梯梳齿板保护开关的维修。

　　2. 任务要求

1）掌握自动扶梯梳齿板保护开关的维修方法。

2）学习自动扶梯维修保养的基本操作规范。

所需设备器材

1）YL-2170A 型教学用扶梯。

2）自动扶梯维修保养通用的工具和量具（可参见主教材表 B-3）。

基础知识

　　阅读主教材"任务 4.2"的"基础知识"：

一、自动扶梯的电气故障

二、自动扶梯的电气保护装置

制订计划

　　1）根据工作任务，制订工作计划（可参照主教材"实训任务 4.2.2"）。

　　2）按照工作计划做好人员的合理分工，将工作计划和人员分工情况填写在工作计划表（表 4-8-1）中。

表 4-8-1　工作计划表

工作步骤	工作任务	时间安排	人员分工	备注
步骤 1				
步骤 2				
步骤 3				
步骤 4				
步骤 5				
步骤 6				

计划实施

步骤一：实训准备

1）准备实训设备与器材。

2）指导教师对学生进行分组，并进行安全与规范操作的教育。

3）检查学生穿戴的安全防护用品（包括工作服、安全帽和安全鞋）。

4）设置安全防护栏及安全警示标志，如主教材图 4-6 所示。

步骤二：梳齿板保护开关的维修

按照主教材"实训任务 4.2.2"中"步骤二"的 7 个步骤，进行梳齿保护开关的维修。

步骤三：讨论和总结

学生分组讨论：

1）将梳齿板保护开关维修的步骤记录于梳齿板保护开关维修记录表（表 4-8-2）中。

表 4-8-2　梳齿板保护开关维修记录表

序号	步骤	相关记录（如操作要领）
1		
2		
3		
4		
5		
6		
7		
8		

2）分组讨论学习维修梳齿板保护开关的心得体会（可相互讲述操作方法，再交换角色，重复进行）。

评价总结

1. 自评

首先由学员根据任务完成情况进行自我评价与小组评价（表 4-8-3）。

表 4-8-3　自评表

项目	配分	评价内容	评分（自己评）	评分（小组评）
1. 学习纪律	10 分	1. 不遵守学习纪律要求（扣 2 分/次） 2. 有其他违反纪律的行为（扣 2 分/次）		
2. 掌握基础知识	30 分	1. 自动扶梯电气系统的构成（15 分） 2. 自动扶梯的电气保护装置（15 分）		
3. 完成工作任务	50 分	1. 梳齿板保护开关维修的操作（40 分） 2. 表 4-8-2 的记录（10 分）		
4. 职业规范和环境保护	10 分	1. 工作过程中工具和器材摆放凌乱（扣 3 分/次） 2. 不爱护设备、工具，不节省材料（扣 3 分/次） 3. 工作完成后不清理现场，工作中产生的废弃物不按规定处置（扣 2 分/次，将废弃物遗弃在工作现场的扣 3 分/次）		

签名：＿＿＿＿＿＿＿＿＿＿＿　＿＿＿＿年＿＿＿月＿＿＿日

2. 教师评价总结

然后由指导教师检查本组作业结果，结合自评与互评的结果进行综合评价，对学习过程出现的问题提出改进措施及建议，并将评价意见与评分值填写于教师评价表（表4-8-4）中。

表 4-8-4　教师评价表

序号	评价内容	评价结果(分数)
1		
2		
3		
4		
5		
6		
综合评价	☆　☆　☆　☆　☆	
综合评语 （问题及改进意见）		

教师签名：＿＿＿＿＿＿＿＿＿　＿＿＿年＿＿月＿＿日

任务小结

根据自己在实训中的实际表现进行自我反思和小结。

自我反思：

＿＿＿＿＿＿＿＿＿＿＿＿＿＿＿＿＿＿＿＿＿＿＿＿＿＿＿＿＿＿＿。

小结：

＿＿＿＿＿＿＿＿＿＿＿＿＿＿＿＿＿＿＿＿＿＿＿＿＿＿＿＿＿＿＿。

实训任务 4.9　三相电源缺相故障的维修

姓名		学号	

接受任务

　1. 任务综述

学习自动扶梯三相电源缺相故障的检查与维修。

　2. 任务要求

1）掌握自动扶梯三相电源缺相故障的维修方法。

2）学习自动扶梯维修保养的基本操作规范。

所需设备器材

1）YL-2170A 型教学用扶梯。

2）自动扶梯维修保养通用的工具和量具（可参见主教材表 B-3）。

基础知识

阅读主教材"任务 4.2"的"基础知识"：

一、自动扶梯的电气故障

二、自动扶梯的电气保护装置

制订计划

1）根据工作任务，制订工作计划（可参照主教材"实训任务 4.2.3"）。

2）按照工作计划做好人员的合理分工，将工作计划和人员分工情况填写在工作计划表（表 4-9-1）中。

表 4-9-1　工作计划表

工作步骤	工作任务	时间安排	人员分工	备注
步骤 1				
步骤 2				
步骤 3				
步骤 4				
步骤 5				
步骤 6				

计划实施

步骤一：实训准备

1）准备实训设备与器材。

2）指导教师对学生进行分组，并进行安全与规范操作的教育。

3）检查学生穿戴的安全防护用品（包括工作服、安全帽和安全鞋）。

4）设置安全防护栏及安全警示标志，如主教材图 4-6 所示。

步骤二：三相电源缺相故障的维修

按照主教材"实训任务4.2.3"中"步骤二"的11个步骤，进行三相电源缺相故障的检查与维修。

步骤三：讨论和总结

学生分组讨论：

1）将三相电源缺相故障维修的步骤记录于三相电源缺相故障维修记录表（表4-9-2）中。

表4-9-2 三相电源缺相故障维修记录表

序号	步骤	相关记录（如操作要领）
1		
2		
3		
4		
5		
6		
7		
8		
9		
10		

2）分组讨论学习三相电源缺相故障维修的心得体会（可相互讲述操作方法，再交换角色，重复进行）。

评价总结

1. 自评

首先由学员根据任务完成情况进行自我评价与小组评价（表4-9-3）。

表4-9-3 自评表

项目	配分	评价内容	评分（自己评）	评分（小组评）
1. 学习纪律	10分	1. 不遵守学习纪律要求（扣2分/次） 2. 有其他违反纪律的行为（扣2分/次）		
2. 掌握基础知识	30分	1. 自动扶梯电气系统的构成（15分） 2. 自动扶梯的电气保护装置（15分）		
3. 完成工作任务	50分	1. 三相电源缺相故障检查与维修的操作（40分） 2. 表4-9-2的记录（10分）		
4. 职业规范和环境保护	10分	1. 工作过程中工具和器材摆放凌乱（扣3分/次） 2. 不爱护设备、工具，不节省材料（扣3分/次） 3. 工作完成后不清理现场，工作中产生的废弃物不按规定处置（扣2分/次），将废弃物遗弃在工作现场的扣3分/次）		

签名：＿＿＿＿＿＿＿＿ ＿＿＿年＿＿月＿＿日

2. 教师评价总结

然后由指导教师检查本组作业结果，结合自评与互评的结果进行综合评价，对学习过程出现的问题提出改进措施及建议，并将评价意见与评分值填写于教师评价表（表4-9-4）中。

表 4-9-4　教师评价表

序号	评价内容	评价结果（分数）
1		
2		
3		
4		
5		
6		
综合评价	☆　☆　☆　☆　☆	
综合评语 （问题及改进意见）		

教师签名：_____　_____年___月___日

任务小结

根据自己在实训中的实际表现进行自我反思和小结。

自我反思：

_____。

小结：

_____。

实训任务 5.1 自动扶梯的半月维护保养

姓名		学号	

接受任务

　　1. 任务综述

　　自动扶梯的保养分为半月、季度、半年和年度保养四类，本任务学习自动扶梯的半月维护保养。

　　2. 任务要求

　　1）掌握自动扶梯半月维护保养的操作方法。

　　2）学习自动扶梯维护保养的基本操作规范。

所需设备器材

　　1）YL-2170A 型教学用扶梯。

　　2）自动扶梯维修保养通用的工具和量具（可参见主教材表 B-3）。

基础知识

　　阅读主教材"任务 5.1"的"基础知识"：

　　自动扶梯半月维护保养的内容与要求

制订计划

　　1）根据工作任务，制订工作计划（可参照主教材"任务 5.1"的"任务实施"）。

　　2）按照工作计划做好人员的合理分工，将工作计划和人员分工情况填写在工作计划表（表 5-1-1）中。

表 5-1-1　工作计划表

工作步骤	工作任务	时间安排	人员分工	备注
步骤 1				
步骤 2				
步骤 3				
步骤 4				
步骤 5				
步骤 6				

计划实施

　　步骤一：实训准备

　　1）准备实训设备与器材。

　　2）指导教师对学生进行分组，并进行安全与规范操作的教育。

　　3）检查学生穿戴的安全防护用品（包括工作服、安全帽和安全鞋）。

　　4）设置安全防护栏及安全警示标志，如主教材图 4-6 所示。

　　5）向相关人员（如管理人员和乘用人员）询问扶梯的使用情况。

步骤二：半月保养操作

1）打开盖板，按下急停按钮，关闭电源，接入检修控制盒，并挂上警示牌。

2）按照 TSG T5002—2017《电梯维护保养规则》中的"自动扶梯半月维护保养项目（内容）和要求"，按照表 D-1 中所列的 33 个项目对自动扶梯进行半月维护保养。

3）完成维保工作后，检查收拾工具，将扶梯恢复正常运行，并取走安全护栏。

4）按照 GB 16899—2011《自动扶梯和自动人行道的制造与安装安全规范》，对自动扶梯或自动人行道进行维护后，维护人员必须观察梯级或踏板运行一个完整的循环后，才能将自动扶梯和自动人行道投入使用。

步骤三：填写半月维保记录单

维保工作结束后，维保人员应填写自动扶梯半月维保记录单（表 5-1-2）。

表 5-1-2　自动扶梯半月维保记录单

序号	维护保养项目(内容)	维护保养基本要求	完成情况	备注
1	电器部件	清洁,接线紧固		
2	故障显示板	信号功能正常		
3	设备运行状况	正常,没有异常声响和抖动		
4	主驱动链	运转正常,电气安全保护装置动作有效		
5	制动器机械装置	清洁,动作正常		
6	制动器状态检测开关	工作正常		
7	减速机润滑油	油量适宜,无渗油		
8	电动机通风口	清洁		
9	检修控制装置	工作正常		
10	自动润滑油罐油位	油位正常,润滑系统工作正常		
11	梳齿板开关	工作正常		
12	梳齿板照明	照明正常		
13	梳齿板梳齿与踏板面齿槽、导向胶带	梳齿板完好无损,梳齿板梳齿与踏板面齿槽、导向胶带啮合正常		
14	梯级或者踏板下陷开关	工作正常		
15	梯级或者踏板缺失检测装置	工作正常		
16	超速或非操纵逆转检测装置	工作正常		
17	检修盖板和楼层板	防倾覆或者翻转措施和监控装置有效、可靠		
18	梯级链张紧开关	位置正确,动作正常		
19	防护挡板	有效,无破损		
20	梯级滚轮和梯级导轨	工作正常		
21	梯级、踏板与围裙板之间的间隙	任何一侧的水平间隙及两侧间隙之和符合标准值		
22	运行方向显示	工作正常		
23	扶手带入口处保护开关	动作灵活可靠,清除入口处垃圾		

序号	维护保养项目（内容）	维护保养基本要求	完成情况	备注
24	扶手带	表面无毛刺，无机械损伤，运行无摩擦		
25	扶手带运行	速度正常		
26	扶手护壁板	牢固可靠		
27	上下出入口处的照明	工作正常		
28	上下出入口和扶梯之间保护栏杆	牢固可靠		
29	出入口安全警示标志	齐全，醒目		
30	分离机房、各驱动站和转向站	清洁，无杂物		
31	自动运行功能	工作正常		
32	紧急停止开关	工作正常		
33	驱动主机的固定	牢固可靠		

维修保养人员：　　　　　　　　　　　　　　日期：　　　年　　月　　日

使用单位意见：

使用单位安全管理人员：　　　　　　　　　　日期：　　　年　　月　　日

注：完成情况（完好打√，有问题打×，若有维修则请在备注栏说明）。

评价总结

1. 自评

首先由学员根据任务完成情况进行自我评价与小组评价（表 5-1-3）。

表 5-1-3　自评表

项目	配分	评价内容	评分（自己评）	评分（小组评）
1. 学习纪律	10 分	1. 不遵守学习纪律要求（扣 2 分/次） 2. 有其他违反纪律的行为（扣 2 分/次）		
2. 掌握基础知识	30 分	1. 自动扶梯半月维护保养的内容与要求（15 分） 2. 自动扶梯半月维护保养的操作要领（15 分）		
3. 完成工作任务	50 分	1. 自动扶梯半月维护保养的操作（40 分） 2. 表 5-1-2 的记录（10 分）		
4. 职业规范和环境保护	10 分	1. 工作过程中工具和器材摆放凌乱（扣 3 分/次） 2. 不爱护设备、工具，不节省材料（扣 3 分/次） 3. 工作完成后不清理现场，工作中产生的废弃物不按规定处置（扣 2 分/次，将废弃物遗弃在工作现场的扣 3 分/次）		

签名：_____　____年___月___日

2. 教师评价总结

然后由指导教师检查本组作业结果，结合自评与互评的结果进行综合评价，对学习过程出现的问题提出改进措施及建议，并将评价意见与评分值填写于教师评价表（表 5-1-4）中。

表 5-1-4　教师评价表

序号	评价内容	评价结果(分数)
1		
2		
3		
4		
5		
6		
综合评价	☆　☆　☆　☆　☆	
综合评语 (问题及改进意见)		

教师签名:＿＿＿＿＿＿＿＿＿　＿＿＿年＿＿月＿＿日

任务小结

根据自己在实训中的实际表现进行自我反思和小结。

自我反思:

＿＿＿＿＿＿＿＿＿＿＿＿＿＿＿＿＿＿＿＿＿＿＿＿＿＿＿＿＿＿＿。

小结:

＿＿＿＿＿＿＿＿＿＿＿＿＿＿＿＿＿＿＿＿＿＿＿＿＿＿＿＿＿＿＿。

实训任务 5.2　自动扶梯的季度维护保养

姓名		学号	

接受任务

　　1. 任务综述

　　自动扶梯的保养分为半月、季度、半年和年度保养四类，本任务学习自动扶梯的季度维护保养。

　　2. 任务要求

　　1）掌握自动扶梯季度维护保养的操作方法。

　　2）学习自动扶梯维护保养的基本操作规范。

所需设备器材

　　1）YL-2170A 型教学用扶梯。

　　2）自动扶梯维修保养通用的工具和量具（可参见主教材表 B-3）。

基础知识

　　阅读主教材"任务 5.2"的"基础知识"：

　　自动扶梯季度维护保养的内容与要求

制订计划

　　1）根据工作任务，制订工作计划（可参照主教材"任务 5.2"的"任务实施"）。

　　2）按照工作计划做好人员的合理分工，将工作计划和人员分工情况填写在工作计划表（表 5-2-1）中。

表 5-2-1　工作计划表

工作步骤	工作任务	时间安排	人员分工	备注
步骤 1				
步骤 2				
步骤 3				
步骤 4				
步骤 5				
步骤 6				

计划实施

　　步骤一：实训准备

　　1）准备实训设备与器材。

　　2）指导教师对学生进行分组，并进行安全与规范操作的教育。

　　3）检查学生穿戴的安全防护用品（包括工作服、安全帽和安全鞋）。

　　4）设置安全防护栏及安全警示标志，如主教材图 4-6 所示。

5) 向相关人员（如管理人员和乘用人员）询问扶梯的使用情况。

步骤二：季度保养操作

1) 打开盖板，按下急停按钮，关闭电源，接入检修控制盒，并挂上警示牌。

2) 按照 TSG T5002—2017《电梯维护保养规则》中的"自动扶梯季度维护保养项目（内容）和要求"，按照表 D-2 中所列的五个项目进行季度维护保养。

3) 完成维保工作后，检查收拾工具，将扶梯恢复正常运行，并取走安全护栏。

4) 按照 GB 16899—2011《自动扶梯和自动人行道的制造与安装安全规范》，对自动扶梯或自动人行道进行维护后，维护人员必须观察梯级或踏板运行一个完整的循环后，才能将自动扶梯和自动人行道投入使用。

步骤三：填写季度维保记录单

维保工作结束后，维保人员应填写自动扶梯季度维保记录单（表 5-2-2 所示）。

表 5-2-2　自动扶梯季度维保记录单

序号	维护保养项目(内容)	维护保养基本要求	完成情况	备注
1	扶手带的运行速度	相对于梯级、踏板或者胶带的速度允差为 0~+2%		
2	梯级链张紧装置	工作正常		
3	梯级轴衬	润滑有效		
4	梯级链润滑	运行工况正常		
5	防灌水保护装置	动作可靠(雨季到来之前必须完成)		
维修保养人员：			日期：　年　月　日	
使用单位意见：				
使用单位安全管理人员：			日期：　年　月　日	

注：完成情况（完好打√，有问题打×，若有维修请在备注栏说明）。

评价总结

1. 自评

首先由学员根据任务完成情况进行自我评价与小组评价（表 5-2-3）。

表 5-2-3　自评表

项目	配分	评价内容	评分（自己评）	评分（小组评）
1. 学习纪律	10 分	1. 不遵守学习纪律要求(扣 2 分/次) 2. 有其他违反纪律的行为(扣 2 分/次)		
2. 掌握基础知识	30 分	1. 自动扶梯季度维护保养的内容与要求(15 分) 2. 自动扶梯季度维护保养的操作要领(15 分)		
3. 完成工作任务	50 分	1. 自动扶梯季度维护保养的操作(40 分) 2. 表 5-2-2 的记录(10 分)		

项目	配分	评价内容	评分 （自己评）	评分 （小组评）
4. 职业规范 和环境保护	10分	1. 工作过程中工具和器材摆放凌乱(扣3分/次) 2. 不爱护设备、工具,不节省材料(扣3分/次) 3. 工作完成后不清理现场,工作中产生的废弃物不按规定处置（扣2分/次）,将废弃物遗弃在工作现场的扣3分/次)		

签名：＿＿＿＿＿＿＿＿＿＿＿　＿＿＿年＿＿月＿＿日

2. 教师评价总结

然后由指导教师检查本组作业结果，结合自评与互评的结果进行综合评价，对学习过程出现的问题提出改进措施及建议，并将评价意见与评分值填写于教师评价表（表5-2-4）中。

表5-2-4　教师评价表

序号	评价内容	评价结果(分数)
1		
2		
3		
4		
5		
6		
综合评价	☆　☆　☆　☆　☆	
综合评语 (问题及改进意见)		

教师签名：＿＿＿＿＿＿＿＿＿＿＿　＿＿＿年＿＿月＿＿日

任务小结

根据自己在实训中的实际表现进行自我反思和小结。

自我反思：

＿＿＿＿＿＿＿＿＿＿＿＿＿＿＿＿＿＿＿＿＿＿＿＿＿＿＿＿＿＿＿＿＿＿＿＿＿。

小结：

＿＿＿＿＿＿＿＿＿＿＿＿＿＿＿＿＿＿＿＿＿＿＿＿＿＿＿＿＿＿＿＿＿＿＿＿＿。

实训任务 5.3　自动扶梯的半年维护保养

姓名		学号	

接受任务

　1. 任务综述

　　自动扶梯的保养分为半月、季度、半年和年度保养四类，本任务学习自动扶梯的半年维护保养。

　2. 任务要求

　1）掌握自动扶梯半年维护保养的操作方法。

　2）学习自动扶梯维护保养的基本操作规范。

所需设备器材

　1）YL-2170A 型教学用扶梯。

　2）自动扶梯维修保养通用的工具和量具（可参见主教材表 B-3）。

基础知识

　阅读主教材"任务 5.3"的"基础知识"：

　自动扶梯半年维护保养的内容与要求

制订计划

　1）根据工作任务，制订工作计划（可参照主教材"任务 5.3"的"任务实施"）。

　2）按照工作计划做好人员的合理分工，将工作计划和人员分工情况填写在工作计划表（表 5-3-1）中。

表 5-3-1　工作计划表

工作步骤	工作任务	时间安排	人员分工	备注
步骤 1				
步骤 2				
步骤 3				
步骤 4				
步骤 5				
步骤 6				

计划实施

　　步骤一：实训准备

　1）准备实训设备与器材。

　2）指导教师对学生进行分组，并进行安全与规范操作的教育。

　3）检查学生穿戴的安全防护用品（包括工作服、安全帽和安全鞋）。

　4）设置安全防护栏及安全警示标志，如主教材图 4-6 所示。

5）向相关人员（如管理人员和乘用人员）询问扶梯的使用情况。

步骤二：半年保养操作

1）打开盖板，按下急停按钮，关闭电源，接入检修控制盒，并挂上警示牌。

2）按照 TSG T5002—2017《电梯维护保养规则》中的"自动扶梯半年维护保养项目（内容）和要求"，按照表 D-3 中所列的 12 个项目进行半年维护保养工作。

3）完成维保工作后，检查收拾工具，将扶梯恢复正常运行，并取走安全护栏。

4）按照 GB 16899—2011《自动扶梯和自动人行道的制造与安装安全规范》，对自动扶梯或自动人行道进行维护后，维护人员必须观察梯级或踏板运行一个完整的循环后，才能将自动扶梯和自动人行道投入使用。

步骤三：填写半年维保记录单

维保工作结束后，维保人员应填写自动扶梯半年维保记录单（表 5-3-2）。

表 5-3-2　自动扶梯半年维保记录单

序号	维护保养项目（内容）	维护保养基本要求	完成情况	备注
1	制动衬厚度	不小于制造单位要求		
2	主驱动链	清理表面油污，润滑		
3	主驱动链链条滑块	清洁，厚度符合制造单位要求		
4	电动机与减速机联轴器	连接无松动，弹性元件外观良好，无老化等现象		
5	空载向下运行制动距离	符合标准值		
6	制动器机械装置	润滑，工作有效		
7	附加制动器	清洁和润滑，功能可靠		
8	减速机润滑油	按照制造单位的要求进行检查、更换		
9	调整梳齿板梳齿与踏板面齿槽啮合深度和间隙	符合标准值		
10	扶手带张紧度张紧弹簧负荷长度	符合制造单位要求		
11	扶手带速度监控系统	工作正常		
12	梯级踏板加热装置	功能正常，温度感应器接线牢固（冬季到来之前必须完成）		
维修保养人员：			日期：　年　月　日	
使用单位意见：				
使用单位安全管理人员：			日期：　年　月　日	

注：完成情况（完好打√，有问题打×，若有维修则请在备注栏说明）。

评价总结

1. 自评

首先由学员根据任务完成情况进行自我评价与小组评价（表 5-3-3）。

<table>
<tr><td colspan="6" align="center">表 5-3-3 自评表</td></tr>
<tr>
<td align="center">项目</td>
<td align="center">配分</td>
<td align="center">评价内容</td>
<td align="center">评分
（自己评）</td>
<td align="center">评分
（小组评）</td>
</tr>
<tr>
<td>1. 学习纪律</td>
<td align="center">10 分</td>
<td>1. 不遵守学习纪律要求（扣 2 分/次）
2. 有其他违反纪律的行为（扣 2 分/次）</td>
<td></td>
<td></td>
</tr>
<tr>
<td>2. 掌握基础
知识</td>
<td align="center">30 分</td>
<td>1. 自动扶梯半年维护保养的内容与要求（15 分）
2. 自动扶梯半年维护保养的操作要领（15 分）</td>
<td></td>
<td></td>
</tr>
<tr>
<td>3. 完成工作
任务</td>
<td align="center">50 分</td>
<td>1. 自动扶梯半年维护保养的操作（40 分）
2. 表 5-3-2 的记录（10 分）</td>
<td></td>
<td></td>
</tr>
<tr>
<td>4. 职业规范
和环境保护</td>
<td align="center">10 分</td>
<td>1. 工作过程中工具和器材摆放凌乱（扣 3 分/次）
2. 不爱护设备、工具，不节省材料（扣 3 分/次）
3. 工作完成后不清理现场，工作中产生的废弃物不按规定处置（扣 2 分/次，将废弃物遗弃在工作现场的扣 3 分/次）</td>
<td></td>
<td></td>
</tr>
</table>

签名：_____ ____年___月___日

2. 教师评价总结

然后由指导教师检查本组作业结果，结合自评与互评的结果进行综合评价，对学习过程出现的问题提出改进措施及建议，并将评价意见与评分值填写于教师评价表（表 5-3-4）中。

表 5-3-4 教师评价表

序号	评价内容	评价结果（分数）
1		
2		
3		
4		
5		
6		
综合评价	☆ ☆ ☆ ☆ ☆	
综合评语 （问题及改进意见）		

教师签名：_____ ____年___月___日

任务小结

根据自己在实训中的实际表现进行自我反思和小结。

自我反思：

_____。

小结：

_____。

实训任务 5.4　自动扶梯的年度维护保养

姓名		学号	

接受任务

1. 任务综述

自动扶梯的保养分为半月、季度、半年和年度保养四类，本任务学习自动扶梯的年度维护保养。

2. 任务要求

1）掌握自动扶梯年度维护保养的操作方法。

2）学习自动扶梯维护保养的基本操作规范。

所需设备器材

1）YL-2170A 型教学用扶梯。

2）自动扶梯维修保养通用的工具和量具（可参见主教材表 B-3）。

基础知识

阅读主教材"任务 5.4"的"基础知识"：

自动扶梯年度维护保养的内容与要求

制订计划

1）根据工作任务，制订工作计划（可参照主教材"任务 5.4"的"任务实施"）。

2）按照工作计划做好人员的合理分工，将工作计划和人员分工情况填写在工作计划表（表 5-4-1）中。

表 5-4-1　工作计划表

工作步骤	工作任务	时间安排	人员分工	备注
步骤 1				
步骤 2				
步骤 3				
步骤 4				
步骤 5				
步骤 6				

计划实施

步骤一：实训准备

1）准备实训设备与器材。

2）指导教师对学生进行分组，并进行安全与规范操作的教育。

3）检查学生穿戴的安全防护用品（包括工作服、安全帽和安全鞋）。

4）设置安全防护栏及安全警示标志，如主教材图 4-6 所示。

5）向相关人员（如管理人员和乘用人员）询问扶梯的使用情况。

步骤二：年度保养操作

1）打开盖板，按下急停按钮，关闭电源，接入检修控制盒，并挂上警示牌。

2）按照 TSG T5002—2017《电梯维护保养规则》中的"自动扶梯年度维护保养项目（内容）和要求"，按照表 D-4 中所列的 13 个项目进行年度维护保养。

3）完成维保工作后，检查收拾工具，将扶梯恢复正常运行，并取走安全护栏。

4）按照 GB 16899—2011《自动扶梯和自动人行道的制造与安装安全规范》：自动扶梯或自动人行道进行维护后，维护人员必须观察梯级或踏板运行一个完整的循环后，才能将自动扶梯和自动人行道投入使用。

步骤三：填写年度维保记录单

维保工作结束后，维保人员应填写自动扶梯年度维保记录单（表 5-4-2）。

表 5-4-2　自动扶梯年度维保记录单

序号	维护保养项目(内容)	维护保养基本要求	完成情况	备注
1	主接触器	工作可靠		
2	主机速度检测功能	功能可靠,清洁感应面、感应间隙符合制造单位要求		
3	电缆	无破损,固定牢固		
4	扶手带托轮、滑轮群和防静电轮	清洁,无损伤,托轮转动平滑		
5	扶手带内侧凸缘处	无损伤,清洁扶手导轨滑动面		
6	扶手带断带保护开关	功能正常		
7	扶手带导向块和导向轮	清洁,工作正常		
8	进入梳齿板处的梯级与导轮的轴向窜动量	符合制造单位要求		
9	内、外盖板连接	紧密牢固,连接处的凸台、缝隙符合制造单位要求		
10	围裙板安全开关	测试有效		
11	围裙板对接处	紧密平滑		
12	电气安全装置	动作可靠		
13	设备运行状况	正常,梯级运行平稳,无异常抖动,无异常声响		
维修保养人员：			日期：　　年　　月　　日	
使用单位意见：				
使用单位安全管理人员：			日期：　　年　　月　　日	
注：完成情况（完好打√，有问题打×，若有维修则请在备注栏说明）。				

评价总结

1. 自评

首先由学员根据任务完成情况进行自我评价与小组评价（表5-4-3）。

表5-4-3　自评表

项目	配分	评价内容	评分 （自己评）	评分 （小组评）
1. 学习纪律	10分	1. 不遵守学习纪律要求（扣2分/次） 2. 有其他违反纪律的行为（扣2分/次）		
2. 掌握基础知识	30分	1. 自动扶梯年度维护保养的内容与要求（15分） 2. 自动扶梯年度维护保养的操作要领（15分）		
3. 完成工作任务	50分	1. 自动扶梯年度维护保养的操作（40分） 2. 表5-4-2的记录（10分）		
4. 职业规范和环境保护	10分	1. 工作过程中工具和器材摆放凌乱（扣3分/次） 2. 不爱护设备、工具，不节省材料（扣3分/次） 3. 工作完成后不清理现场，工作中产生的废弃物不按规定处置（扣2分/次），将废弃物遗弃在工作现场的扣3分/次		

签名：_____　_____年___月___日

2. 教师评价总结

然后由指导教师检查本组作业结果，结合自评与互评的结果进行综合评价，对学习过程出现的问题提出改进措施及建议，并将评价意见与评分值填写于教师评价表（表5-4-4）中。

表5-4-4　教师评价表

序号	评价内容	评价结果（分数）
1		
2		
3		
4		
5		
6		
综合评价	☆　☆　☆　☆　☆	
综合评语 （问题及改进意见）		

教师签名：_____　_____年___月___日

任务小结

根据自己在实训中的实际表现进行自我反思和小结。

自我反思：

_____。

小结：

_____。